红袋鼠物理千千问

牛顿的飞行课：
空气动力学 ①

[加拿大] 克里斯·费里　著／绘　　刘志清　译

中国少年儿童新闻出版总社
中国少年儿童出版社
北 京

作者简介 ∙∙∙

　　克里斯·费里，80后，加拿大人。毕业于加拿大名校滑铁卢大学，取得数学物理学博士学位，研究方向为量子物理专业。读书期间，克里斯就在滑铁卢大学纳米技术研究所工作，毕业后先后在美国新墨西哥大学、澳大利亚悉尼大学和悉尼科技大学任教。至今，克里斯已经发表多篇有影响力的权威学术论文，多次代表所在学校参加国际学术会议并发表演讲，是当前越来越受人关注的量子物理学领域冉冉升起的学术新星。

　　同时，克里斯还是4个孩子的父亲，也是一名非常成功的少儿科普作家。2015年12月，一张Facebook（脸书）上的照片将克里斯·费里推向全球公众的视野。照片上，Facebook（脸书）创始人扎克伯格和妻子一起给刚出生没多久的女儿阅读克里斯·费里的一本物理绘本。这张照片共收获了全球上百万的赞，几万条留言和几万次的分享。这让克里斯·费里的书以及他自己都受到了前所未有的关注。

　　扎克伯格给女儿阅读的物理书，只是作者克里斯·费里的试水之作。2018年，克里斯·费里开始专门为中国小朋友做物理科普。他与中国少年儿童新闻出版总社全面合作，为中国小朋友创作一套学习物理知识的绘本——"红袋鼠物理千千问"系列。

红袋鼠说："小鸟拍拍翅膀就能飞起来了，飞机的翅膀不会动，为什么也能飞起来呢？我猜克里斯博士一定知道答案！"

克里斯博士说："飞行可是有许多科学知识在里面的！但是最基本的原理仍然是你已经知道了的牛顿三定律！"

4

红袋鼠疑惑地说："牛顿三定律？但是我记得牛顿生活的时代，比世界上第一架飞机诞生的时代早好几百年呢！"

克里斯博士说:"飞机的发明的确不很久远。但在牛顿的时代,他已经观察过许多被大自然和工程师们造出来的飞行器。第一种人造飞行器是——"

6

红袋鼠抢着回答："风筝！这是古代中国人发明的！"

　　红袋鼠又问："但是，克里斯博士，风筝，还有气球，它们根本没有翅膀，是怎么飞起来的？"

　　克里斯博士说："这可有些复杂了，听我慢慢说。这些东西飞起来，运动状态就改变了。牛顿告诉我们，如果想改变运动状态，物体必须受到处于不平衡状态的力——净力的作用！"

红袋鼠说："净力？这是一种我还没有学到的力吗？"

克里斯博士说:"其实你已经学过啦!比方说,你身上感受到的净力就是作用到你身上的处于不平衡状态的力。你肯定经常会感受到净力的存在。但你乘飞机在高空正常飞行时,和你坐着不动时的感觉差不多。为什么会这样?是因为这两种状态下没有净力作用在你身上。"

红袋鼠说："我想起来了！牛顿第一定律告诉我们：物体没有受到净力的作用，运动状态就不会发生变化。"

克里斯博士说："你的身体能感受到运动状态的变化，但却难以分辨静止状态和稳定的运动状态之间的差别。"

红袋鼠问："所以飞机在地面静止的时候和在高空稳定飞行的时候，都没有受到任何力的作用吗？"

克里斯博士说："哈哈！在这两种状态下，飞机其实也受到许多力的作用，但净力为零。这些力之间保持着完美的平衡状态。"

克里斯博士接着说："当一种力的作用效果，与另外一种力的作用效果相互抵消，那么净力就为零，飞机就不会改变运动状态。"

红袋鼠说："我想起来了！您教过我四种力：推力、升力、阻力和重力。当这些力的净力为零的时候，如果飞机是静止的，它就继续保持静止状态。如果飞机在飞行，它就会保持原来的飞行状态。"

升力

推力

阻力

重力

18

克里斯博士说："对，如果飞机在飞行中的净力为零，你就能享受到一次平稳、舒适的飞行了。此时飞机就算以每小时900千米的速度飞行，很多人也能在飞机上睡着。"

红袋鼠说："要是我也能飞得这么快就好了。"

克里斯博士说："当推力比阻力大时，飞机就飞得更快了。"

红袋鼠说："当阻力比推力强时，飞机的速度就会慢下来。"

阻力 推力

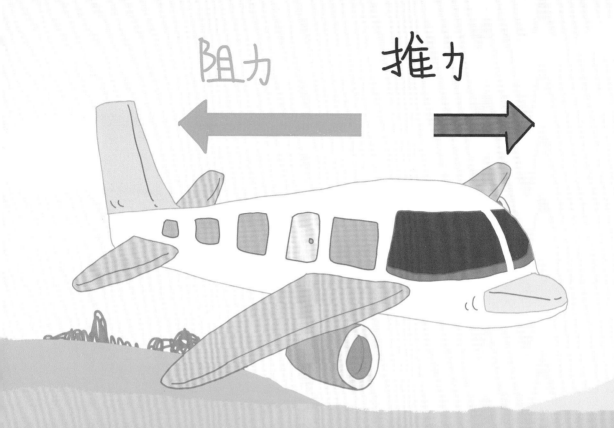

克里斯博士说: "飞机前进时, 会导致空气从机翼周围流过。这会为飞机提供升力。当飞机的升力比自身的重力大时, 飞机就飞起来了。"

红袋鼠说: "当飞机的重力大于升力时, 飞机就会下落。飞机总不能永远在空中飞行。"

升力

重力

克里斯博士说："飞机消耗燃油就可以驱动发动机，从而产生推力。发动机中的转子部件运动所需要的能量就是燃油燃烧产生的。"

红袋鼠说："就像妈妈的汽车需要汽油才能走一样。"

克里斯博士说："小鸟和你我一样需要吃东西。食物所起的作用就像飞机的燃油一样。"

红袋鼠说："小鸟获得食物中的能量，来扇动翅膀，就能产生推力和升力了！"

27

红袋鼠接着说："我知道了！飞机通过发动机提供推力，小鸟通过振动翅膀产生推力。一定有某些力打破了平衡状态，才能让它们离开地面。"

版权合作方： 澳大利亚米酷传媒

图书在版编目（CIP）数据

空气动力学. 1，牛顿的飞行课 ／（加）克里斯·费里著绘；刘志清译. — 北京：中国少年儿童出版社，2019.12

（红袋鼠物理千千问）

ISBN 978-7-5148-5744-3

Ⅰ．①空… Ⅱ．①克… ②刘… Ⅲ．①空气动力学—儿童读物 Ⅳ．①V211-49

中国版本图书馆CIP数据核字(2019)第226683号

审读专家：高淑梅 江南大学理学院教授，中心实验室主任

HONGDAISHU WULI QIANQIANWEN
NIUDUN DE FEIXINGKE:KONGQIDONGLIXUE 1

出版发行： 中国少年儿童新闻出版总社
中国少年儿童出版社

出 版 人：孙 柱
执行出版人：张晓楠

策　　划：张 楠	审　　读：林 栋 聂 冰
责任编辑：徐懿如 郭晓博	封面设计：马 欣
美术编辑：马 欣	美术助理：杨 璇
责任印务：刘 潋	责任校对：颜 轩

社　　址：北京市朝阳区建国门外大街丙12号　邮政编码：100022
总 编 室：010-57526071　　传　　真：010-57526075
客 服 部：010-57526258
网　　址：www.ccppg.cn　　电子邮箱：zbs@ccppg.com.cn
印　　刷：北京博海升彩色印刷有限公司

开本：787mm×1092mm　1/20　　　　　　　　印张：2
2019年12月北京第1版　　　　2019年12月北京第1次印刷
字数：25千字　　　　　　　　　　　　印数：10000册
ISBN 978-7-5148-5744-3　　　　　　　定价：25.00元

图书若有印装问题，请随时向本社印务部（010-57526183）退换。